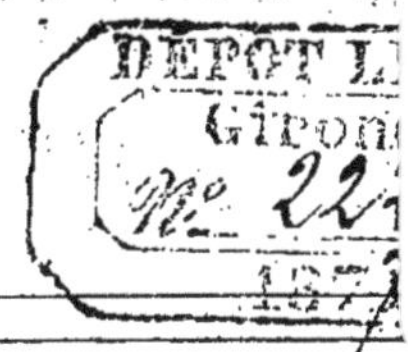

LA CULTURE DE LA BETTERAVE ET LES ENGRAIS CHIMIQUES

NOUVELLES ÉTUDES

SUR L'INFLUENCE DES DIVERS ÉLÉMENTS DES ENGRAIS,
SUR LE DÉVELOPPEMENT DE LA BETTERAVE
ET SUR SA RICHESSE SACCHARINE,

PAR

H. JOULIE

Pharmacien en chef de la Maison municipale de Santé (Dubois),
Administrateur délégué de la Société anonyme des produits chimiques agricoles.

DEUXIÈME ÉDITION.

SOCIÉTÉ ANONYME DES PRODUITS CHIMIQUES AGRICOLES
10 (bis), quai de la Marne, à Paris-la-Villette
30, rue des Allamandiers, à Bordeaux.

1877

DÉPOSÉ

LA
CULTURE DE LA BETTERAVE
ET
LES ENGRAIS CHIMIQUES

LA

CULTURE DE LA BETTERAVE

ET

LES ENGRAIS CHIMIQUES

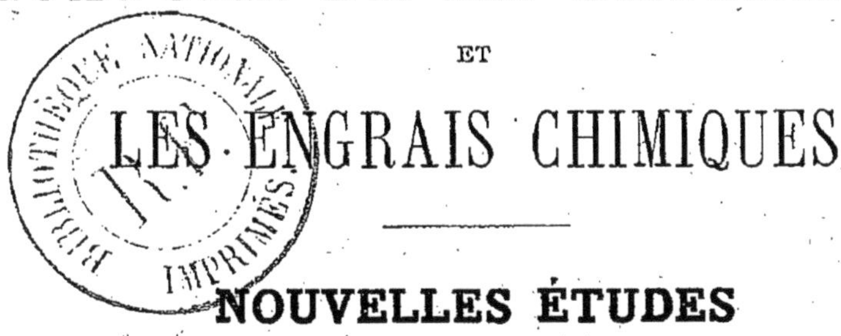

NOUVELLES ÉTUDES

SUR L'INFLUENCE DES DIVERS ÉLÉMENTS DES ENGRAIS,
SUR LE DÉVELOPPEMENT DE LA BETTERAVE
ET SUR SA RICHESSE SACCHARINE,

PAR

H. JOULIE

Pharmacien en chef de la Maison municipale de Santé (Dubois),
Administrateur délégué de la Société anonyme des produits chimiques agricoles.

DEUXIÈME ÉDITION.

SOCIÉTÉ ANONYME DES PRODUITS CHIMIQUES AGRICOLES

10 (bis), quai de la Marne, à Paris-la-Villette
30, rue des Allamandiers, à Bordeaux.

1877

DÉPOSÉ

Depuis une dizaine d'années la betterave a été l'objet de beaucoup d'études de la part des chimistes, des fabricants et des cultivateurs. Entré des premiers dans la voie féconde qui a jeté peu à peu tant de lumière sur la précieuse racine, nous n'avons cessé de poursuivre nos études.

En 1874, nous avons établi à Servigny, près Lieusaint (Seine-et-Marne), avec l'aide de M. Caille, cultivateur aussi habile que dévoué au progrès de la science, un nouveau champ d'expériences, destiné à vérifier les données déjà acquises, et à poursuivre l'étude des points qui restent encore obscurs. L'année a été malheureusement très sèche, et les rendements n'ont pu atteindre au niveau que nous étions en droit d'espérer. Néanmoins, les résultats obtenus sont pleins d'enseignements utiles, et nous espérons qu'ils ne seront pas sans intérêt pour les personnes qui, à divers points de vue, s'occupent de la culture de la betterave.

Nous avons eu soin, du reste, dans le cours de cette notice, de rappeler les faits antérieurement acquis, de manière à présenter, autant que possible, le tableau fidèle de l'état actuel de la question.

Quant aux [illegible]

[illegible]

[illegible] restent encore obscurs. Il au[illegible] utile, et les [illegible] que nous [illegible] Néanmoins, les résultats [illegible] sont pleins d'enseignements utiles, et nous [illegible] intérêt pour les [illegible] de la culture de la betterave.

Nous avons en outre [illegible] dans [illegible] cette notice [illegible] le tableau [illegible]

CONSIDÉRATIONS GÉNÉRALES.

La betterave à sucre réussit dans tous les sols, pourvu qu'ils ne soient ni trop humides ni trop secs et qu'ils aient été convenablement ameublis à une profondeur de 50 à 60 centimètres. Elle nécessite, par conséquent, des labours profonds et coûteux; elle emploie, en outre, une main-d'œuvre considérable pour les sarclages, les binages, la récolte, le transport, etc. Il faut donc qu'elle donne un rendement élevé pour que sa culture soit rémunératrice. On admet, en général, qu'elle couvre ses frais lorsqu'elle donne 40,000 kilog. à l'hectare. Au-dessus, elle procure un bénéfice, sans parler de l'avantage qu'elle possède de laisser le sol dans un état très favorable aux récoltes qui la suivent dans l'assolement. Au-dessous de 40,000 kilog. elle peut encore être utilement cultivée bien qu'elle laisse une perte, parce que, le plus ordinairement, cette perte se trouve couverte, avec avantage, par les cultures qui la suivent dans l'assolement. Dans tous les cas, cette culture ne doit être entreprise que sur les terres qui peuvent être convenablement engraissées, car, faute d'engrais, le rendement s'abaisse considérablement, et toutes les autres dépenses deviennent improductives.

La betterave à sucre doit satisfaire à deux intérêts différents et qui ont paru souvent antagonistes : l'intérêt du cultivateur et celui du fabricant de sucre. Au premier, il faut la quantité, parce que la betterave se vend au poids et rend, par conséquent, d'autant plus que la récolte est plus abondante, les marchés étant faits à l'avance. Au second, il faut la qualité, c'est-à-dire la richesse saccharine, car le prix payé restant le même, quelle que soit la richesse, la betterave riche peut seule donner un bénéfice au fabricant.

Comme, d'ailleurs, la quantité de sucre qui échappe au travail d'extraction est toujours à peu près la même, quelle que soit la richesse de la betterave, la valeur de cette racine, pour le fabricant, suit nécessairement une progression plus rapide que sa richesse saccharine.

Si, en effet, la betterave contient 8 0/0 de sucre, la fabrique n'en extraira guère que 4 0/0. Si elle contient 16 0/0, on en pourra extraire environ 11 à 12 0/0, sans augmenter sensiblement les frais de fabrication. Dans ce second cas, bien que la racine ne soit guère que deux fois plus riche que dans le premier, elle vaut donc néanmoins, pour le fabricant, près de trois fois plus.

Malheureusement les betteraves les plus riches ne sont pas toujours celles qui donnent les plus grosses récoltes, et le cultivateur n'est, par conséquent, pas intéressé à les produire.

Le vrai et sûr moyen de faire cesser cet antagonisme des deux intérêts, également respectables, serait évidemment de modifier un peu les usages établis pour l'exécution des marchés et de payer la betterave à la fois en raison de son poids et de sa qualité.

Cette question, qui est à l'étude depuis longtemps déjà, présente de grandes difficultés à cause de l'importance des fabriques de sucre qui existent aujourd'hui. Dans le but de réduire autant que possible les frais généraux de fabrication, l'industrie sucrière est arrivée peu à peu à donner à ses établissements un développement tel qu'ils deviennent fort difficiles à alimenter. La betterave doit subir des transports considérables qui sont à la charge des cultivateurs et qui occupent tous leurs attelages pendant un temps assez long, à l'époque de l'année où ils en ont besoin pour les travaux des champs. Il en résulte forcément des négligences fatales aux récoltes. Mais l'inconvénient le plus grave de cette situation, pour l'industrie sucrière elle-même, est que la quantité de betteraves qui doit arriver chaque jour à la sucrerie est telle, qu'il est impossible de songer à faire des essais pour en reconnaître la qualité et que la bascule a été jusqu'ici le seul arbitre possible pour l'établissement des factures.

Le remède à cette fâcheuse situation est, comme dans toutes les autres industries, la division du travail. Au lieu de centraliser la sucrerie au point que toutes les routes qui y conduisent sont chaque année défoncées par les charrois qu'elle nécessite, il faut que l'industrie s'applique à créer un outillage économique pour travailler sur une échelle plus modeste, de manière à multiplier davantage et à mieux disperser les établissements. Les transports seront alors beaucoup plus faciles, les cultivateurs pourront bien mieux faire rentrer à la ferme les pulpes, les écumes de défécation et les mélasses, et le fabricant, n'ayant plus un mouvement aussi considérable à surveiller, pourra organiser l'examen de la qualité des racines à l'entrée. Il paiera les betteraves à proportion du sucre qu'il peut en extraire, et il attachera sûrement une prime aux richesses élevées. Les cultivateurs, ayant alors un grand intérêt à produire de la bonne betterave, s'y appliqueront de tout leur pouvoir, et la fabrique fera de meilleures affaires, parce qu'elle ne sera plus soumise à ces aléas de qualité qui la constituent tantôt en bénéfices exagérés, tantôt en pertes capables d'entraîner sa ruine.

Mais peut-on produire à volonté de la betterave riche ou pauvre?

On le peut incontestablement :

1° Par le choix de la graine;

2° Par les soins de culture et surtout par l'espacement de la betterave sur le champ;

3° Par le choix judicieux des engrais.

Pour le choix des graines, on sait, depuis les remarquables travaux de Louis Vilmorin, si bien continués par ses dignes successeurs, que, par la sélection, on peut améliorer les races de betteraves, et il est facile aujourd'hui de se procurer de la graine produisant des racines dont la richesse varie de 12 à 16 0/0 de sucre, suivant l'influence plus ou moins favorable des saisons.

Pour les soins de culture, il nous suffira de signaler l'influence considérable qu'exerce l'espacement sur la qualité de la betterave.

Il résulte des nombreuses expériences faites dans ces dernières années, tant par les Stations agronomiques que par les Sociétés d'Agriculture, que la qualité de la betterave est d'autant meilleure que les racines sont moins volumineuses et ont eu moins de place pour se développer. Mais, comme il faut que les soins de culture restent possibles et que le rendement atteigne à un certain niveau, on ne peut resserrer par trop la betterave, et l'espacement qui paraît le plus convenable, tant pour la quantité que pour la qualité, est celui de 30 à 35 centimètres entre les lignes, et de 25 centimètres entre les betteraves sur les lignes. On obtient ainsi environ 120,000 betteraves à l'hectare, dont le poids varie, suivant l'influence plus ou moins favorable des saisons et des engrais, de 400 à 700 grammes, ce qui donnerait à l'hectare, s'il ne manquait aucune racine, 48,000 à 84,000 kilog. Le maximum est rarement atteint à cause des manquants; mais comme les places vides déterminent chez les betteraves voisines un plus fort développement, on dépasse le plus ordinairement le minimum. Les rendements moyens s'établissent entre 50,000 et 60,000 kilog.

COMPOSITION D'UNE RÉCOLTE DE BETTERAVES.

Dans 50,000 kilog. de betteraves, il y aurait, d'après les tables de Wolff :

Acide phosphorique..........	55 kilog.
Potasse.....................	200 —
Soude.......................	40 —
Chaux.......................	25 —
Azote.......................	80 —

mais ces chiffres peuvent présenter de grandes variations.

La composition de la betterave est, en effet, influencée par des causes diverses.

Dans les années sèches, les racines sont généralement plus sucrées et moins salines que lorsque les saisons sont humides.

Plusieurs variétés cultivées sur le même sol et la même année présentent aussi de grands écarts de composition.

Enfin, l'année et la variété restant les mêmes, la composition du sol et les engrais employés déterminent aussi d'importantes variations.

Nous ne pouvons rien sur l'influence des saisons ; le bon choix de la graine nous met à l'abri des inconvénients des mauvaises variétés ; reste l'influence du sol et des engrais, qu'il importe d'étudier attentivement, si nous voulons arriver à nous rendre maîtres, autant que cela est possible, de la culture de la betterave au double point de vue de la quantité et de la qualité.

La composition primitive du sol exerce certainement une influence de premier ordre, mais elle peut facilement être modifiée par la culture et par les engrais, de telle sorte que l'on parvient à faire de la betterave abondante et bonne dans presque tous les sols, pourvu qu'ils soient convenablement labourés et engraissés.

L'analyse chimique peut seule nous faire connaître la composition primitive du sol, mais les notions qu'elle nous fournit restent toujours nécessairement incomplètes, parce qu'elle ne permet pas, dans l'état actuel de la science, de distinguer nettement, dans les quantités d'éléments utiles dont elle constate la présence, la partie immédiatement assimilable de celle qui ne pourra être utilisée que dans un avenir plus ou moins éloigné (1).

Les engrais, au contraire, et surtout les engrais chimiques, peuvent être analysés avec précision ou composés à l'aide de matières premières d'un titre certain et d'une assimilabilité non douteuse. On peut donc savoir exactement, lorsqu'on répand un engrais chimique sur une terre, dans quel sens on modifie sa composition. La pesée et l'analyse de la plante cultivée sur le sol ainsi modifié,

(1) Voir notre *Guide pour l'achat et l'emploi des Engrais chimiques*, p. 146, 5e édition.

par comparaison avec les mêmes données obtenues sur la même terre sans engrais, peuvent faire connaître l'influence excercée par la modification que l'on a imposée au sol.

Les champs d'expériences à l'aide des engrais chimiques, dans lesquels on peut, à volonté, faire prédominer ou supprimer chaque élément utile, pouvaient seuls permettre de se rendre véritablement compte de l'influence exercée par les engrais ou par leurs éléments sur la constitution des végétaux.

C'est par cette voie que nous sommes arrivé à l'adoption des formules d'engrais que nous conseillons depuis bientôt dix ans à la culture, et dont le succès s'affirme chaque année davantage. C'est encore la même méthode que nous avons suivie et que nous suivrons à l'avenir dans nos expériences de Servigny, mais en lui apportant le concours des progrès réalisés durant ces dernières années dans les méthodes d'analyse chimique, et grâce auxquels les questions peuvent être étudiées avec une précision beaucoup plus grande qu'à l'époque de nos premiers travaux.

COMPOSITION DE LA TERRE DE SERVIGNY.

Avant toute expérience, nous avons soumis à l'analyse la terre du champ qui était mis à notre disposition.

On a pris deux échantillons :

Le premier a été formé par la réunion d'un grand nombre de mottes enlevées au moyen d'une bêche de 20 centimètres de hauteur et prises çà et là à la surface du champ. Ces mottes ont été mises en tas, on les a soigneusement mélangées, et on a pris ensuite sur leur mélange l'échantillon moyen qui a été analysé. Il représentait, par conséquent, la composition moyenne de la surface du champ à une profondeur de 20 centimètres.

Le second échantillon a été pris de la même manière et avec les mêmes soins, mais après avoir enlevé à chaque place la couche labourée ayant environ 40 centimètres d'épaisseur. Il représente, par conséquent, la composition moyenne du sous-sol. Les résultats des deux analyses sont consignés dans le tableau suivant :

ANALYSE DE LA TERRE DE SERVIGNY		DANS 100 KILOG. DE TERRE	
		de la surface à 20 centimètres de profondeur.	d'une seconde couche de 20 centimètres prise dans le sous-sol.
Éléments solubles dans l'eau régale.	Acide phosphorique....	50gr90	25gr50
	Potasse...............	163.70	141.40
	Soude.................	181.26	44.20
	Chaux.................	626.00	40.81
	Magnésie..............	173.80	24.70
Éléments solubles dans l'eau.	Potasse...............	1.50	1.50
	Soude.................	7.20	7.20
	Azote ammoniacal.....	6.10	0.00
	Azote nitrique.........	2.55	6.00
Azote total (par la chaux sodée)..		103.00	68.20

On remarquera l'abondance relativement plus grande de l'azote nitrique dans le sous-sol et l'absence complète d'azote ammoniacal, ce qui prouve une fois de plus que les nitrates tendent à descendre dans le sol, tandis que les sels ammoniacaux remontent toujours vers la surface.

Si on calcule, d'après cette analyse, la somme d'éléments utiles dont pouvait disposer la terre en faveur de la betterave, dont les racines pouvaient occuper la couche labourée, soit environ 40 centimètres, on trouve, en attribuant à cette couche la composition des 20 premiers centimètres, et en lui supposant un poids de 8,000 tonnes, ce qui ne peut être éloigné de la vérité, qu'elle contenait par hectare :

RICHESSE DE LA TERRE DE SERVIGNY.

Dans une couche de 40 centimètres pesant 8,000 tonnes.

Éléments solubles dans l'eau régale.	Acide phosphorique	4.072	kilog.
	Potasse	13.096	—
	Soude	14.496	—
	Chaux	49.920	—
	Magnésie	13.904	—
Éléments solubles dans l'eau.	Potasse	120	—
	Soude	576	—
	Azote ammoniacal	488	—
	Azote nitrique	148	—
	Azote total	8.240	—

On voit que nous nous trouvions en présence d'une terre riche; mais il est bien évident que la plus grande partie des éléments solubles dans l'eau régale doit rester inactive, et que les éléments solubles dans l'eau, étant dispersés dans toute la masse, ne sont pas absorbés en totalité par les racines, qui ne peuvent aller partout.

DISPOSITION DU CHAMP

ET ENGRAIS EMPLOYÉS.

Le champ consacré à la betterave était formé par une bande de terre de 20 mètres de large et de 120 mètres de long, qui a été divisée en 12 parcelles égales de deux ares chacune. On trouvera dans le tableau suivant la quantité et la composition des divers engrais qui ont été répandus sur ces diverses parcelles, dont l'une, le numéro 7, est restée sans engrais pour servir de terme de comparaison.

ENGRAIS EMPLOYÉS.

Numéros des parcelles		1	2	3	4	5	6	7	8	9	10	11	12
Désignation de l'engrais		B complet.	B complet.	G sans azote.	F sans potasse.	Sans phosphate.	Sans chaux. (2)	Rien.	Sulfate d'ammoniaque.	Nitrate de soude.	Guano du Pérou. (3)	Superphosphate de chaux.	Fumier de ferme. (4)
Quantité à l'hectare		1000k	2000k	1000k	1000k	1000k	1000k	»	325k	420k	650k	800k	60000k
Azote	nitrique	65k	130k	»	65k	65k	65k	»	»k	65k	0k507	»	»
	ammoniacal	»	»	»	»	»	»	»	65	»	40.320	»	»
	organique	»	»	»	»	»	»	»	»	»	19.467	»	»
	TOTAL	65k	130k	»	65k	65k	65k	»	65k	65k	60k294	»	300k
Acide phosphorique	assimilable (1)	50k	100k	50k	50k	»	50k	»	»	»	40k495	108k	»
	insoluble	15	30	15	15	»	15	»	»	»	62.036	22	»
	TOTAL	65k	130k	65k	65k	»	65k	»	»	»	102k531	130k	102k
Potasse à l'état de	Nitrate	80k	160k	»	»	80k	80k	»	»	»	»	»	»
	Sulfate, Chlorure, Phosphate	»	»	100	»	»	»	»	»	»	15k890	»	408k
Soude à l'état de	Nitrate	90	180	»	120k	90	90	»	»	120.	»	»	»
	Sulfate ou Chlorure	»	»	25	»	»	»	»	»	»	10.725	»	90
Chaux à l'état de	Phosphate ou Sulfate	148	296	700	160	220	»	»	»	»	93.360	160	408
	Phosphate seulement	»	»	»	»	»	80	»	»	»	»	»	»

(1) Nous appelons acide phosphorique *assimilable*, l'acide phosphorique qui se dissout dans le citrate d'ammoniaque alcalin, suivant la méthode analytique que j'ai indiquée (Voir *Moniteur scientifique* du Dr Quesneville, année 1873, pages 563 et suivantes).

(2) L'engrais dit *sans chaux* en contient néanmoins 80 kilog., inséparable de l'acide phosphorique qui a été donné à l'état de phosphate de chaux précipité. Mais il ne contient pas de chaux supplémentaire à l'état de sulfate.

(3) La composition adoptée pour le guano du Pérou résulte de l'analyse que j'ai faite sur un échantillon du guano employé et qui m'a donné les résultats suivants pour 100 kilogrammes :

Azote	nitrique	0.078	9.277
	ammoniacal	6.204	
	organique	2.995	
Acide phosphorique	assimilable	6.232	15.776
	insoluble	9.544	

Potasse	2.445
Soude	1.650
Chaux	14.364
Acide sulfurique	5.208
Chlore	0.768
Humidité	21.660
Sable et Silice	2.400

(4) Le fumier employé n'a pas été analysé : nous lui attribuons la composition moyenne du fumier d'étable donnée par les tables de Wolff.

DISCUSSION DES RÉSULTATS.

La sécheresse excessive qui a régné toute la saison, mais surtout au printemps, n'a pas permis d'obtenir une levée parfaitement régulière, ce qui a nui à certaines récoltes plus qu'à d'autres. A la maturité, les betteraves ont été arrachées, nettoyées et pesées, et sur chaque carré on a prélevé 6 betteraves, dont 2 des plus grosses, 2 des moyennes et 2 des plus petites, dont on a fait un échantillon commun qui a été soumis à l'analyse. Les résultats obtenus sont consignés dans le tableau de la page 16 ci-après.

RÉSULTATS OBTENUS.

Rendement des récoltes. — La première chose dont on est frappé à l'examen de ces résultats, c'est la grande différence qui existe entre le rendement de la parcelle n° 1, qui a reçu l'engrais B complet, et celui de toutes les autres, y compris le guano du Pérou et le fumier de ferme. L'engrais B l'emporte de 10,750 kilog. sur la terre sans engrais, de 8,756 kilog. sur le fumier de ferme et de 14,750 kilog. sur le guano du Pérou, qui donne le plus mauvais de tous les rendements. Que faut-il en conclure? si ce n'est que l'engrais B, bien qu'il ait apporté moins d'acide phosphorique que le guano et beaucoup moins d'éléments utiles que le fumier, a présenté à la betterave une nourriture mieux appropriée à ses besoins, des éléments plus facilement assimilables et dans des proportions plus convenables, si bien qu'il a fallu à la betterave moins d'eau pour les dissoudre et se les approprier, et que, par conséquent, elle a été moins sensible à la sécheresse.

Faible influence des minéraux. — On voit ensuite que les meilleurs rendements, après celui de l'engrais B à 1,000 kilog. à l'hectare, sont ceux du n° 4,

CHAMP D'EXPÉRIENCES DE SERVIGNY.

Culture de la betterave en 1874.

Numéros d'ordre des parcelles.		1	2	3	4	5	6	7	8	9	10	11	12
Engrais employé		B complet.	B complet.	G sans azote	F sans potasse.	Sans phosphate.	Sans chaux.	Rien.	Sulfate d'ammoniaque.	Nitrate de soude.	Guano.	Superphosphate.	Fumier.
Dose à l'hectare		1000k	2000k	1000k	1000k	1000k	1000k	»	325k	420k	650k	800k	60000k
Récolte obtenue en racines		43250k	38500k	31500k	40250k	39500k	39500k	32500k	37500k	40000k	28500k	30500k	34500k
Composition de la betterave par 1000k.	Sucre	115k90	110k00	125k29	110k68	131k10	114k55	135k80	149k82	129k73	142k75	152k43	116k76
	Matières organiques	64.47	74.59	65.40	70.54	73.01	61.22	56.08	75.65	70.12	72.75	71.60	56.91
	Azote	3.87	5.28	2.64	3.52	3.96	3.08	3.08	4.72	4.29	3.43	5.15	3.43
	Acide phosphorique	0.60	0.53	0.71	0.42	0.39	0.48	0 82	0.54	0.42	0.46	0.86	1.11
	Acide sulfurique	0.80	0.51	0.85	0.38	0.43	0.48	0.78	0.51	0.35	0.44	0.66	0.76
	Potasse	2.91	2.15	7.65	1.60	1 96	3.16	4.29	2.70	2.34	2.41	3.14	5 85
	Soude	1.89	1.79	1.31	1.57	0 95	1.78	2.11	1.45	1.42	1.07	0.71	1.53
	Chaux	0.70	0.69	0.97	0.51	0.46	0.47	1.04	0.78	0.42	0 61	0.73	0.92
	Magnésie	0.49	0.44	0.56	0.31	0.32	0.51	0.70	0.57	0.49	0.37	0 57	0.70
Composition des jus par hectolitre. (Qualité de la betterave.)	Matière sèche	16.17	17.87	18.27	16.33	19.90	16.21	22.30	24.52	20.32	18.89	22.66	18.81
	Sucre	12.96	12.19	13.83	12.19	14 33	12.26	14.27	16 14	14.45	16.20	17.01	12 63
	Sels	1.48	2.00	3.32	1.23	0.87	3.06	1.47	0.87	1.33	0.80	0.97	1.36
	Sucre % de la matière sèche.	82.00	71.00	76.00	75.00	72.00	75.50	63.80	65.30	71.00	85.80	75.00	67 00
	Sels % du sucre	11.40	16.40	20.30	9.52	6.10	24.35	10.13	5.30	9.20	4.95	5.70	9.80

engrais F sans potasse, et du n° 9, nitrate de soude seul, suivi de très près par les engrais sans phosphate et sans chaux. Les influences des phosphates, de la potasse et de la chaux sur le rendement, ont été peu marquées. Elles s'expriment par un écart de 3,000 à 4,000 kilog. Cela tient à la richesse du sol que nous avons indiquée en commençant et aussi à la sécheresse qui a surtout paralysé l'action des phosphates, qui sont les moins solubles des éléments des engrais.

Grande influence de l'azote nitrique. — C'est donc à l'azote que l'engrais complet B a dû la majeure partie de son effet. Comment alors comprendre l'infériorité du guano, qui a apporté presque autant d'azote, et du fumier qui en a fourni quatre à cinq fois plus? Cette infériorité est due évidemment à ce que l'azote ammoniacal et organique contenu dans le guano et le fumier convient moins à la betterave que l'azote nitrique contenu dans les engrais chimiques employés. L'infériorité de la parcelle n° 8, qui a reçu du sulfate d'ammoniaque seul, à la parcelle n° 9, qui a reçu la même quantité d'azote, mais à l'état de nitrate de soude, vient, du reste, à l'appui de cette explication.

Les parcelles n°s 3 et 11, qui ont reçu des engrais sans azote, n'ont donné que de faibles rendements, ce qui démontre, encore une fois, que c'est aux 65 kilogrammes d'azote nitrique des engrais qu'a appartenu le premier rôle dans la production de la récolte, bien que la terre contînt, d'après l'analyse, 8,240 kilog. d'azote, qui s'est montré, par conséquent, fort peu assimilable. On remarquera que l'analyse a constaté dans la terre une quantité de 148 kilog. d'azote nitrique; c'est vraisemblablement à cette quantité qu'est due la récolte relativement bonne de la terre sans engrais, et si l'on admet, comme tout semble le démontrer dans ces expériences, que c'est surtout l'azote nitrique qu'utilise la betterave, on comprend facilement qu'une addition de 65 kilog. de cet azote ait pu exercer une grande influence, puisque par cet apport la richesse du sol s'est trouvée augmentée de 44 0/0 (1). On m'objectera peut-être l'effet nettement favorable produit par l'azote du sulfate d'ammoniaque, bien qu'il soit moins marqué que celui du nitrate de soude. On sait depuis longtemps déjà que, dans le sol, l'ammoniaque se nitrifie facilement, bien plus facilement même que les matières organiques. Il est donc possible que les bons effets du sulfate d'ammoniaque sur la betterave soient dus à la partie de son azote qui se transforme en nitrate, partie dont l'importance varie nécessairement avec la nature du sol et l'influence des saisons.

Mauvaise influence d'un excès d'azote. — Nous devons encore signaler un fait bien remarquable et qui montre que s'il faut chercher à atteindre le but, il faut craindre aussi de le dépasser: c'est l'infériorité de la parcelle n° 2 sur la parcelle n° 1, bien qu'elle ait reçu le même engrais à dose double. C'est évidemment à l'excès d'azote qu'est dû ici le déficit; la composition de la betterave en donne la preuve évidente, puisqu'elle contient plus d'azote que celle du n° 1, et moins de tous les autres éléments constitutifs. L'azote a précipité la végétation qui a été plus belle en feuilles, mais l'équilibre favorable au développement de la racine a été rompu et la récolte s'est abaissée de 4,750 kilogrammes.

On se demandera peut-être s'il n'en a pas été de même pour le fumier sur la parcelle n° 12?

(1) Ce rapport est certainement un peu exagéré, car les 148 kilog. d'azote nitrique du sol ont dû s'augmenter pendant la culture par nitrification, d'une certaine portion de l'azote ammoniacal et de l'azote organique du sol. Mais nous ne pouvons en tenir compte, car rien ne nous permet de mesurer cette augmentation.

La réponse se trouve encore dans la composition de la betterave, qui contient, au contraire, moins d'azote et une plus forte proportion de potasse et d'acide phosphorique que celle du n° 1. Il est donc certain qu'au n° 12 c'est au défaut d'azote et non à l'excès qu'est due l'infériorité du rendement.

Voilà pour le point de vue agricole. Il faut aussi se placer au point de vue industriel et examiner l'influence des divers engrais employés sur la qualité de la betterave.

Qualité de la betterave. — On voit, au premier coup d'œil jeté sur le tableau des analyses des jus, que les meilleures betteraves sont en général celles des parcelles à faible rendement. On remarquera cependant que parmi elles la meilleure est celle du superphosphate et la moins bonne celle du fumier de ferme.

Parmi les betteraves dont le rendement est le plus élevé, nous trouvons celles du nitrate de soude et des engrais B complet et E sans potasse, qui sont d'une bonne richesse saccharine et d'une qualité fort acceptable. Ces engrais ont donc donné satisfaction aux deux intérêts.

Les betteraves les plus salines sont celles des n°s 3 et 6, sans azote et sans chaux, ce qui prouve que le sulfate de chaux des engrais a exercé une heureuse influence sur la qualité, puisque sa suppression détermine un abaissement de la richesse saccharine et une augmentation des sels. La mauvaise qualité des betteraves du n° 3, sans azote, au point de vue des sels, démontre, en outre, que la faiblesse du rendement n'est pas toujours, comme paraissent le croire certains fabricants de sucre, une garantie contre l'excès des sels, puisque la récolte n° 3 est une des plus faibles du champ.

Après ces constatations d'ensemble, il est indispensable d'étudier successivement les variations de chaque élément dans la composition des betteraves, afin de dégager l'influence que chacun exerce individuellement, tant sur le rendement que sur la qualité. Ce sera, du reste, la meilleure manière d'arriver à fixer avec précision les véritables besoins de la betterave à sucre.

Influence de l'acide phosphorique. — Bien que la terre contînt à l'hectare 4,072 kilog. de cet élément, son introduction dans les engrais, à la dose de 65 kilog. dont 50 immédiatement assimilables (soluble dans le citrate d'ammoniaque), n'a pas été sans influence sur le rendement, puisque la parcelle n° 5, qui n'a pas reçu cette addition, a donné 3,775 kilog. de moins que l'engrais complet, tout étant égal d'ailleurs.

Nous mettons en regard, dans le tableau suivant, la richesse en acide phosphorique des engrais avec celle des betteraves et des récoltes produites.

CHAMP D'EXPÉRIENCES DE SERVIGNY.

Richesse des betteraves en acide phosphorique.

	NUMÉROS des parcelles.	ENGRAIS EMPLOYÉ.		ACIDE phosphorique à l'hectare.	ACIDE phosphorique dans 1000 kil. racines	ACIDE phosphorique dans la récolte.
Parcelles sans phosphates..........	5	Sans phosphates.......		0k	0k39	15k440
	7	Sans engrais...........		0	0.82	26.650
	8	Sulfate d'ammoniaque.		0	0.54	20.250
	9	Nitrate de soude... ..		0	0.42	16.680
Parcelles ayant reçu 65 kilog. d'acide phosphorique à l'hectare.........	1	**B** complet......	1000k	65	0.61	26.420
	3	**G** sans azote ...	1000	65	0.71	22.300
	4	**F** sans potasse.	1000	65	0.42	16 900
	6	Sans chaux.....	1000	65	0.48	18.960
	10	Guano du Pérou......		102.531	0.46	13.110
Parcelles à 130 kilog. d'acide phosphorique.......	2	**B** complet.....	2000	130	0.53	20.560
	11	Superphosphate	800	130	0.86	26.230
	12	Fumier.........	60000	192	1.11	38.460

Si on laisse de côté les résultats du n° 7 sans engrais et du n° 10 avec guano du Pérou, qui présentent des anomalies, on arrive aux moyennes suivantes :

				ACIDE phosphorique dans 1000 kilog. de racines. —	ACIDE phosphorique dans la récolte. —
Pas d'acide phosphorique dans l'engrais...				0.450	17.456
65k	do	do	do	0.555	20.645
130	do	do	do	0.695	23.395
192	do	do	do	1.110	38.460

On voit donc que l'acide phosphorique augmente régulièrement dans la betterave et dans la récolte à mesure que l'engrais employé en contient davantage.

Les anomalies des nos 7 et 10, ainsi que les variations des parcelles qui obéissent à la loi, trouvent leur explication dans l'influence exercée par les autres éléments, et notamment par la potasse. On voit, en effet, à l'examen de la composition des betteraves dans le tableau de la page 16, que les racines les plus riches en acide phosphorique sont, en général, les plus riches en potasse, et, réciproquement, que les plus pauvres en potasse sont aussi les moins chargées d'acide phosphorique. Il semble en résulter que c'est surtout sous forme de phosphate de potasse que l'acide phosphorique pénètre dans la betterave. M. Péligot est arrivé à la même conclusion dans des recherches d'une nature fort différente [1].

L'influence exercée par l'acide phosphorique sur la qualité de la betterave n'apparaît pas très nette dans cette série d'expériences, parce qu'elle se trouve modifiée par des conditions diverses.

[1] *Comptes-rendus de l'Académie des Sciences*, t. LXXX, 18 janvier 1875, page 133.

Ainsi, la betterave du fumier, qui est la plus riche en acide phosphorique, est une des plus mauvaises de tout le champ, tant sous le rapport de la qualité que de la quantité. Cela tient évidemment à l'influence des autres éléments, qui lui sont arrivés en quantités excédantes. On voit, au contraire, que la betterave au superphosphate, qui est la plus riche en acide phosphorique après celle du fumier, est aussi la plus riche en sucre. Le superphosphate a exercé une influence fâcheuse sur la levée, à cause de l'extrême sécheresse; c'est pourquoi la récolte a été inférieure à celle de la terre sans engrais. Mais à l'égard de la qualité, il occupe le premier rang, puisqu'il donne 17 kilog. de sucre par hectolitre de jus, et seulement 0 kilog. 970 de sels. Sur les autres parcelles, l'influence de l'acide phosphorique, compliquée par celle des autres éléments, ne peut être nettement précisée.

Nous constatons, en définitive, à l'égard de l'acide phosphorique, que sa quantité dans les récoltes a varié de 15 kilog. à 38 kilog., et que les récoltes satisfaisantes, tant sous le rapport de la quantité que de la qualité, des parcelles n°s 1, 4 et 9, ont pu être obtenues avec les quantités minimes de 26 kilog. 420, 16 kilog. 900 et 16 kilog. 680 d'acide phosphorique. Nous sommes loin, par conséquent, des chiffres indiqués par les tables de Wolff, et nous sommes assurés qu'en donnant à la terre 65 kilog. d'acide phosphorique, dont 50 immédiatement assimilables, cet élément ne fera jamais défaut à la betterave si on opère sur un sol de moyenne fertilité, c'est-à-dire contenant en réserve de 3 à 4,000 kilog. d'acide phosphorique dans la couche occupée par les racines.

Influence de la potasse. — Comme l'acide phosphorique, la potasse peut varier beaucoup dans la betterave. Le chiffre adopté par Wolff est de 4 kilog. par

1,000 kilog. de racines. On voit, dans le tableau de la page 16, que dans les betteraves du champ de Servigny, la potasse varie de 1 kilog. 60 à 7 kilog. 65 par 1,000 kilog. Ces écarts méritent un examen attentif, car ils nous conduiront à des conclusions pratiques d'une grande importance.

Nous reproduisons dans le tableau suivant les nombres obtenus, groupés de façon à en faire sortir des moyennes.

CHAMP D'EXPÉRIENCES DE SERVIGNY.

Richesse en potasse des betteraves en 1874.

NUMÉROS des parcelles.	ENGRAIS EMPLOYÉ.		POTASSE dans l'engrais.	POTASSE dans 1000k betteraves	MOYENNES.	POTASSE dans la récolte.	MOYENNES.
7	Sans engrais..........		0k	4k29	4k29	139k42	
4	E sans potasse........		0	1.60	2.445	64.40	88k775
8	Sulfate d'ammoniaque..		0	2.70		101.25	
9	Nitrate de soude.......		0	2.34		93.68	
11	Superphosphate		0	3.14		95.77	
10	Guano du Pérou.......		15.89	2.41	2.41	68.68	68.680
1	B complet......	1000k	80	2.91	2.68	125.90	109.380
5	Sans phosphate.	1000	80	1.96		77.42	
6	Sans chaux.....	1000	80	3.16		124.82	
3	G sans azote....	1000	100	7.65	7.65	241.00	241.000
2	B complet.....	2000	160	2.15	2.15	82.97	82.970
12	Fumier................		408	5.85	5.85	202.17	202.170

La récolte n° 7 (terre sans engrais) montre que bien que la terre ne cédât à l'analyse par l'eau que 129 kilog. de potasse, elle a pu en fournir à la betterave 139 kilog. 420 malgré la sécheresse, ce qui prouve que la potasse que l'on peut extraire du sol par l'eau distillée est un minimum, et que, pendant le cours de la végétation, une certaine quantité de la potasse contenue dans la roche insoluble dans l'eau, mais attaquable par l'eau régale, devient soluble et passe à la disposition de la plante.

La comparaison des parcelles comprises dans la première

accolade, qui n'ont pas reçu de potasse, montre que les divers engrais employés, loin d'augmenter la consommation de potasse faite par la plante, l'ont, au contraire, atténuée.

Cependant, ainsi qu'on peut le voir au tableau de la page 16, la plupart des récoltes de cette série sont plus élevées que celles de la terre sans engrais. Ce fait a une grande importance, car il montre, contrairement à ce que l'on aurait pu penser *à priori*, que l'emploi des engrais sans potasse n'augmente pas *nécessairement* l'épuisement du sol à l'égard de cet alcali, en ce qui concerne la betterave bien entendu, car il n'en est certainement pas de même de toutes les cultures.

L'emploi des engrais contenant de la potasse, à part l'engrais B à double dose et le guano du Pérou, a plus ou moins augmenté la teneur des betteraves, car la moyenne des trois engrais à 80 kilog. de potasse est un peu inférieure à celle des engrais sans potasse.

La potasse des engrais a donc passé dans les plantes, au moins pour une certaine proportion; mais, bien que les récoltes de cette série aient, en général, dépassé celles de la première, nous voyons que la quantité de potasse qu'elles ont enlevée est inférieure à celle de la récolte sans engrais. C'est encore le même fait que dans la première série.

Il est donc bien certain que l'emploi des engrais chimiques bien combinés atténue la consommation de potasse de la betterave et, par conséquent, ménage les ressources du sol, tout en améliorant la qualité des racines, puisqu'elles sont d'autant meilleures, toutes choses égales d'ailleurs, qu'elles contiennent moins d'alcalis.

Ce fait important se prononce davantage à mesure que les doses d'azote sont plus élevées. On trouve, en effet, que la récolte n° 2, qui a reçu un engrais contenant 160 kilog. de potasse, mais en même temps deux fois plus d'azote que les précédentes, est une des moins riches en potasse de tout le champ.

Inversement, la récolte n° 3, qui a reçu 100 kilog. de potasse et pas d'azote, contient autant de potasse que la terre sans engrais, plus les 100 kilog. que l'engrais a apportés. On voit donc qu'en l'absence de l'azote assimilable, ou lorsqu'il se trouve en quantité insuffisante, la betterave absorbe toute la potasse qu'elle trouve à sa disposition.

Faut-il en conclure que la potasse et l'ammoniaque peuvent se remplacer dans une certaine mesure dans la constitution du végétal?

Ou faut-il simplement constater la mauvaise influence des chlorures et sulfates contenus dans l'engrais G, sans azote, sur la betterave? L'azote devant être éliminé, la potasse ne pouvait être donnée, comme dans les autres engrais, sous forme de nitrate. Il en est résulté que, sans profit pour la récolte, qui est de 1,000 kilog. inférieure à celle de la terre sans engrais, la betterave s'est gorgée de potasse au point d'en contenir 6 kilog. 65 pour 1,000 et 241 kilog. dans la récolte.

Parmi les engrais azotés, le seul qui ait permis une consommation de potasse élevée est le fumier de ferme. Il est vrai qu'il en a apporté une dose énorme, environ 400 kilog., ce qui n'est pas son moindre inconvénient. D'un autre côté, son azote a eu peu d'efficacité, puisque la récolte ne s'est élevée que de 2,000 kilog. au-dessus de la terre sans engrais. Le fumier de ferme a donc fonctionné à la manière d'un engrais très faiblement azoté et très riche en potasse. Aussi la betterave qu'il a produite est-elle de mauvaise qualité.

L'influence exercée sur le rendement par la potasse n'a pas été considérable. Elle se mesure par la comparaison des deux parcelles n° 1 et n° 4, où tout est semblable, à part la potasse, qui existe à la dose de 80 kilog. dans l'engrais B et n'existe pas dans l'engrais F. Dans la récolte n° 1, nous trouvons 61 kilog. 500 de potasse de plus que dans la récolte n° 4. La potasse de l'engrais B a donc été absorbée presque en totalité. Cependant, la récolte n'a été augmentée que de 3,000 kilog., qui ne valent guère plus que les 80 kilog. de potasse employés à produire cet excédant. Il est vrai que la terre a gagné 18 kilog. 500 de potasse disponible pour les récoltes suivantes.

Au point de vue de la qualité des betteraves, la potasse ne paraît pas avoir exercé une heureuse influence. Les betteraves les plus pauvres en potasse, qui sont celles des parcelles n°s 4, 5, 8, 9 et 10, sont les meilleures en qualité, ainsi qu'on le voit au tableau de la page 16. Celles des n°s 3, 7 et 12, qui sont, au contraire, les plus chargées de potasse, sont en même temps les plus mauvaises.

En présence de ces résultats : d'un côté, la faiblesse de l'influence de la potasse sur le rendement; de l'autre, au contraire, la mauvaise influence qu'elle exerce sur la qualité, n'y a-t-il pas lieu de conclure qu'elle doit être éliminée des engrais pour la betterave toutes les fois que le sol le permet, c'est-à-dire contient environ 10 à 12,000 kilog. de potasse attaquable par l'eau régale à l'hectare, dont 100 à 150 kilog. solubles dans l'eau.

Dans tous les cas, même sur les terres pauvres en potasse, la dose de 80 kilog. à l'hectare dans les engrais additionnels ne devra jamais être dépassée, car ce serait nuire à la qualité, sans profit pour le rendement.

Influence de la soude. — Dans toutes les betteraves, on trouve une certaine quantité de soude.

On peut se demander si cet élément ne s'y rencontre qu'accidentellement, ou si, au contraire, il joue un rôle important dans la formation de la plante et de ses produits.

Dans des publications antérieures [1], nous avons déjà indiqué la possibilité de remplacer par de la soude une partie de la potasse contenue dans la betterave, et nous avons présenté ce fait comme une des raisons de la préférence que nous donnons au nitrate de soude sur le sulfate d'ammoniaque, pour fournir de l'azote à cette culture.

Les résultats du champ d'expériences de Servigny et les analyses auxquelles les betteraves ont été soumises ne laissent aucun doute à cet égard. Il me suffira, pour l'établir, de mettre en regard, dans le tableau suivant, page 28, la soude et la potasse apportées par les engrais et contenues dans les récoltes.

La proportion de soude varie de 0 kil. 710 à 2 kil. 11 par 1,000 kilog. de betteraves.

Dans les betteraves de Vincennes venues sur engrais complet en 1861, j'ai trouvé 2 kilog. 230.

Wolf indique dans ses tables le chiffre de 0 kilog. 800. Il est probable que les analyses dont il a pris la moyenne avaient été faites sur des betteraves provenant de sols riches en potasse et peu sodifères.

Pour se bien rendre compte de la substitution des deux alcalis l'un à l'autre, il faut examiner leur rapport dans les diverses récoltes, en les classant dans l'ordre des quantités croissantes de soude contenues dans les engrais (voir le tableau page 29).

(1) *Petit Guide pour l'achat et l'emploi de l'engrais chimique*, 4e édition.

CHAMP D'EXPÉRIENCES DE SERVIGNY

Année 1874.

Richesse des betteraves en potasse et en soude.

NUMÉROS des parcelles.	ENGRAIS EMPLOYÉ À L'HECTARE.		ALCALIS DANS L'ENGRAIS			ALCALIS DANS 1000k DE BETTERAVES			ALCALIS DANS LA RÉCOLTE		
			Potasse.	Soude.	TOTAL.	Potasse.	Soude.	TOTAL.	Potasse.	Soude.	TOTAL.
1	B complet..........	1000k	80k	90k	170k	2k91	1k89	4k80	125k90	82k04	207k94
2	B complet..........	2000	160	180	340	2.15	1.79	3.94	82.97	69.18	152.15
3	G sans azote........	1000	100	25	125	7.65	1.31	8.96	241. »	14.29	282.29
4	F sans potasse......	1000	0	120	120	1.60	1.57	3.17	64.40	63.59	127.99
5	Sans phosphate.....	1000	80	90	170	1.96	0.95	2.91	77.42	37.52	114.94
6	Sans chaux..........	1000	80	90	170	3.16	1.78	4.94	124.82	70.31	195.13
7	Sans engrais.........	»	0	0	0	4.29	2.11	6.40	139.42	68.57	207.99
8	Sulfate d'ammoniaq.	325	0	0	0	2.70	1.45	4.15	101.25	54.37	155.62
9	Nitrate de soude....	420	0	120.	120	2 34	1.42	3.76	93.68	56.80	150.48
10	Guano du Pérou....	650	15.89	10.72	26.61	2.41	1.07	3.48	68.68	30.49	99.17
11	Superphosphate.....	800	0	0	0	3.14	0.71	3.85	95.77	21.65	117.42
12	Fumier.............	60000	408	90	498	5.85	1.53	7.38	202.17	52.78	254.95

RAPPORTS DE LA POTASSE ET DE LA SOUDE.

NUMÉROS des parcelles.	ALCALIS CONTENUS DANS L'ENGRAIS			POUR 100 D'ALCALIS DANS LA BETTERAVE	
	Potasse.	Soude.	TOTAL.	Potasse.	Soude.
7	0	0	0	67. »	33. »
8	0	0	0	65. »	35. »
11	0	0	0	81.50	18.50
10	15.89	10.72	26.61	69.50	30.50
3	100	25	125	85. »	15. »
1	80	90	170	60.50	39.50
5	80	90	170	67.30	32.70
6	80	90	170	63. »	37. »
12	408	90	498	79.60	20.40
4	0	120	120	50.50	49 50
9	0	120	120	62.40	37.60
2	160	180	340	54.70	45.30

Les deux parcelles 7 et 8, qui n'ont reçu ni soude ni potasse, donnent des betteraves contenant environ deux fois plus de potasse que de soude. Sur la parcelle n° 11, qui n'a reçu que du superphosphate, le rapport s'élève en faveur de la potasse, ce qui prouve que le superphosphate en favorise l'assimilation.

Les engrais qui ont apporté de la potasse et de la soude ont élevé sensiblement la proportion de soude, ainsi qu'on le voit par les parcelles nos 1, 2, 5 et 6, dans lesquelles la soude est exprimée par des nombres variant de 32.70 à 45.30.

Ceux qui ont apporté de la soude et pas de potasse, les nos 4 et 9, ont donné à la soude une place encore plus large, puisqu'elle arrive, dans le n° 4, à représenter presque la moitié des alcalis contenus.

Enfin, comme contre-partie de ces résultats, nous trouvons que les engrais qui ont apporté beaucoup de potasse et peu de soude, comme le n° 3 et le n° 12, ont réduit la soude à 1/5 environ des alcalis contenus.

Il est donc bien démontré que, pour la betterave, la soude peut remplacer la potasse dans une certaine mesure. Est-ce à dire que la betterave pourrait se passer de potasse pourvu qu'on lui donnât de la soude? Certainement non, puisque, dans les conditions les plus favorables à l'assimilation de la soude, celles de la parcelle n° 4, qui a reçu l'engrais sans potasse, la betterave a encore pris au sol autant de potasse que de soude; mais cette propriété de la betterave est néanmoins très précieuse, puisqu'elle permet, par l'emploi des engrais sodifères, de ménager les ressources du sol en potasse, ainsi que nous le conseillons depuis bien longtemps déjà (1).

En se substituant à la potasse, la soude exerce-t-elle une influence utile ou nuisible sur le rendement et sur la qualité? Telle est la question que nous devons nécessairement nous poser, après avoir établi le fait de la substitution sur des bases inébranlables.

Pour résoudre cette nouvelle question, nous n'avons qu'à comparer, au double point de vue du rendement et de la qualité, les récoltes les plus chargées de soude de notre champ d'expériences à celles qui sont les plus riches en potasse.

(1) Dans ces derniers temps, MM. Pagnoul, à Arras, et Champion et Pellet, à Paris, sont arrivés à des conclusions analogues. M. Péligot, qui a constaté l'inutilité de la soude pour les cultures en général, fait des réserves à l'égard de la betterave. Le fait qui a servi de base à l'adoption de nos formules d'engrais dès 1866 est donc aujourd'hui reconnu par tous les chimistes qui se sont occupés de la question.

CHAMP D'EXPÉRIENCES DE SERVIGNY.

Année 1874.

Influence de la soude sur le rendement et sur la qualité.

	NUMÉROS des parcelles.	ENGRAIS EMPLOYÉ		RÉCOLTE à l'hectare.	SUCRE par hectolitre de jus.	SUCRE °/o de matière sèche.	SELS °/o de sucre.
Betteraves riches en soude : 39.50 à 49.50 °/o des alcalis	1	**B** complet......	1000k	43250k	12.96	82.00	11.40
	2	**B** complet......	2000	31500	12.19	71.00	16.40
	4	**F** sans potasse.	1000	40250	12.19	75.00	9.52
Betteraves riches en potasse : soude 15 à 20.40 °/o des alcalis.	3	**G** sans azote...	1000	31500	13.83	76.00	20.30
	11	Superphosphate.	800	30500	17.08	75.00	5.70
	12	Fumier.........	60000	34500	12.63	67.00	9.80

Au point de vue du rendement, l'influence de la soude à l'état de nitrate est évidemment favorable. Pour la qualité, il n'y a rien jusqu'ici de bien net. Les récoltes les plus potassées comprennent, en effet, l'une des meilleures du champ, celle du n° 11, mais elles comprennent aussi celle du n° 3, la plus mauvaise pour les sels, et celle du n° 12, l'une des plus chargées de matières organiques étrangères au sucre. Il est pourtant certain que les récoltes à potasse sont un peu plus sucrées que les récoltes à soude, mais cet avantage doit être évidemment attribué à la faiblesse des récoltes obtenues. On peut donc conclure que la *substitution de la soude à une partie de la potasse est favorable au rendement, sans être nuisible à la qualité de la betterave récoltée.*

Influence des alcalis (potasse et soude) réunis. — Les faits que nous avons signalés à l'égard de l'influence de la soude montrent que, dans la composition de la betterave, il faut nécessairement envisager les alcalis dans leur ensemble, puisqu'ils peuvent se substituer l'un à l'autre dans une assez large mesure, sans que la constitution de la plante s'en trouve fortement modifiée.

Comme, en général, la richesse des betteraves en alcalis est nuisible à la fabrication du sucre, il importe de rechercher les conditions qui permettent d'obtenir un rendement élevé avec le moins d'alcalis possible.

Dans les betteraves obtenues à Servigny en 1874, les alcalis varient de 3 kilog. 17 à 8 kilog. 96 pour 1,000 de betteraves, ce qui donnerait, pour une récolte de 50,000 kilog., un aléa de 158 à 448 kilog.

La récolte du n° 4 (engrais F sans potasse), qui est, de toutes, celle qui contient le moins d'alcalis, est aussi celle qui contient le plus de soude par rapport à la somme des alcalis. L'introduction de la soude (à l'état de nitrate) a donc un double avantage : *elle remplace la potasse et amène une réduction notable de la somme des alcalis enlevés par la betterave.*

Comme d'ailleurs la récolte n° 4 est une des plus élevées du champ et, en même temps, d'une qualité convenable, on est en droit de conclure qu'il y a tout avantage, sur une terre comme celle de Servigny, à supprimer la potasse dans les engrais, en ayant soin de la remplacer par de la soude à l'état de nitrate.

Si la terre était moins riche en potasse, il pourrait y avoir inconvénient à recourir aux engrais qui n'en contiennent pas. Mais à partir de quelle richesse cet inconvénient se manifesterait-il?

Des expériences comparatives sur des sols analysés peuvent seules le faire savoir, et jusqu'ici ces documents nous font encore défaut.

Influence de la chaux. — La chaux n'existe dans la betterave qu'en minime quantité. Les tables de

Wolf indiquent 500 grammes par 1,000 kilog., ce qui conduit à 25 kilog. dans une récolte de 50 tonnes. Dans les betteraves de Vincennes, en 1861, j'ai trouvé un chiffre sensiblement plus bas, 0 kilog. 395, ce qui donnerait, pour 50 tonnes, 19 kilog. 75.

Au champ d'expériences de Servigny, la chaux a varié de 0 kilog. 420 à 1 kilog. 04 par 1,000 kilog. de betteraves. c'est-à-dire environ du simple au double. La terre du champ contenait 49,920 kilog, de chaux à l'hectare, richesse bien faible au point de vue de l'influence du calcaire sur la constitution physique du sol, mais plus que suffisante pour l'alimentation des plantes qui, comme la betterave, réclament peu de chaux.

Cependant l'introduction du sulfate de chaux dans les engrais chimiques n'a pas été sans influence, car la comparaison des n°s 1 et 6, qui ne diffèrent que par la suppression du sulfate de chaux dans le n° 6, fait ressortir en faveur du n° 1 un avantage de 3,750 kilog. pour le rendement. Pour la richesse en chaux de la racine, le tableau de la page 16 montre qu'elle est presque deux fois plus forte dans le n° 1, qui contient aussi à peu près deux fois plus d'acide sulfurique. Toutes choses étant semblables d'ailleurs, il est donc certain que le sulfate de chaux est entré pour sa part dans le bon effet produit par l'engrais B complet.

Nous n'insisterons pas davantage sur le rôle de la chaux dans la production de la betterave; son importance étant relativement secondaire.

Influence de l'azote. — Le chiffre donné par les tables de Wolff, qui est 1.60 pour 1,000, est évidemment trop faible; je n'ai, pour ma part, jamais rencontré de betteraves à sucre aussi peu azotées. Dans les betteraves de Vincennes en 1861, j'ai trouvé 2.60. Dans celles du champ d'expériences de Servigny, l'azote a varié de 2.64 à 5.28, ce qui donnerait, pour 50 tonnes de betteraves, 132 à 264 kilog. au lieu de 80 kilog. comme l'indique la table.

L'analyse de la terre a donné :

A L'HECTARE ET DANS 40 CENTIMÈTRES DE TERRE :

Azote total.............	8.240k		
Azote ammoniacal......	488	assimilable...	636k
Azote nitrique.........	148		

C'est certainement à cette richesse élevée en azote assimilable (ammoniacal et nitrique) qu'est dû le rendement de 32,500 kilog. obtenu sur la parcelle sans engrais, malgré la sécheresse.

L'azote introduit dans les engrais s'est montré néanmoins très efficace jusqu'à une certaine limite, ainsi que le montre le tableau suivant, où nous reproduisons les récoltes dans l'ordre des quantités croissantes d'azote apportées par les engrais.

CHAMP D'EXPÉRIENCES DE SERVIGNY.

Culture de betteraves en 1874.

Influence de l'azote.

NUMÉROS des parcelles.	ENGRAIS EMPLOYÉ	AZOTE dans l'engrais à l'hectare	RÉCOLTE obtenue à l'hectare.	AZOTE dans 1000k de betteraves	AZOTE dans la récolte.
3	G sans azote...........	0k	31500k	2k64	113k28
7	Sans engrais...........	0	32500	3.08	100.10
11	Superphosphate........	0	30500	5.15	157.07
10	Guano du Pérou........	60	28500	3.43	97.75
1	B complet....... 1000k	65	43250	3.87	167.38
4	F sans potasse.........	65	40250	3.52	141.68
5	Sans phosphate.........	65	39500	3.96	156.00
6	Sans chaux..........	65	39500	3.08	121.66
8	Sulfate d'ammoniaque..	65	37500	4.72	177.00
9	Nitrate de soude.......	65	40000	4.29	171.60
2	B complet........ 2000	130	38500	5.28	203.28
12	Fumier........... 60000	300	34500	3.43	118.33

L'introduction de 65 kilog. d'azote assimilable dans les engrais chimiques a déterminé un accroissement de récolte qui varie entre 7,000 et 11,250 kilog., suivant les matières qui l'ont accompagné. L'efficacité de l'azote dans les conditions de l'expérience est donc hors de doute.

Les résultats des parcelles n°s 3 et 11 montrent d'ailleurs qu'en l'absence de l'azote, les autres éléments de l'engrais ont été sans efficacité pour le rendement, puisqu'ils ont donné des récoltes inférieures à la terre sans engrais.

Le guano du Pérou, bien qu'il ait apporté une quantité d'azote sensiblement égale à celle des autres engrais, n'a cependant donné qu'un résultat détestable, puisque la récolte est descendue de 4,000 kilog. au-dessous de la terre sans engrais. Qu'en conclure? si ce n'est que l'azote du guano n'a pu devenir assimilable à cause de la sécheresse, et qu'alors cet engrais est retombé dans les conditions des engrais sans azote.

L'azote du guano, quoi qu'on en ait dit, ne vaut donc pas celui des engrais chimiques, puisqu'à *doses égales d'éléments utiles*, cet engrais peut donner des résultats beaucoup moins avantageux.

Le fumier de ferme est dans le même cas. Bien qu'il ait apporté 300 kilog. d'azote, la récolte n'a été élevée que de 2,000 kilog. au-dessus de la terre sans engrais. Il est donc évident que son azote n'a pas eu l'efficacité de celui des engrais chimiques.

Ces résultats vérifient entièrement ce que nous avons toujours soutenu, savoir : que les formes nitrique et ammoniacale de l'azote sont les seules qui lui communiquent une efficacité agricole immédiate. Les matières organiques azotées ont besoin de se transformer en nitrates et sels ammoniacaux pour agir utilement, et, si la saison ne fournit pas l'humidité indispensable à la transformation, elles se trouvent frappées de stérilité comme à Servigny, en 1874. Les nitrates et les sels ammoniacaux étant, au contraire, pour les plantes une nourriture toute préparée, sont assimilés aussitôt que le sol contient assez d'eau pour les dissoudre, ce qui en exige fort peu, puisqu'ils sont éminemment solubles.

Il importe toutefois, justement à cause de leur facile assimilabilité, de n'en pas exagérer les doses, car alors on obtiendrait infailliblement de la betterave de mauvaise qualité, et le plus souvent des récoltes inférieures, parce que les autres éléments ne pourraient être absorbés en même temps en quantités suffisantes pour maintenir, au sein de la plante, les divers éléments nécessaires dans les rapports les plus favorables à sa bonne constitution.

C'est précisément ce que démontre la récolte de la parcelle n° 2, dont le rendement est inférieur de 4,750 kilog. à celui de la parcelle n° 1, bien qu'elle ait reçu le même engrais à dose double.

La comparaison de la composition de ces deux récoltes que nous reproduisons dans le tableau suivant, montre que celle du n° 2 a assimilé moins de tous les éléments, excepté de l'azote, et qu'en conséquence elle a produit moins de sucre et plus de matières organiques que sa voisine. La récolte a été non seulement plus faible, mais encore de moins bonne qualité.

Influence d'un excès d'azote.

Numéros des parcelles		N° 1	N° 2
Azote nitrique dans l'engrais		65k	130k
Récolte à l'hectare		43250	38500
Composition de la betterave par 1000 kilog.	Azote	3k27	5k28
	Acide phosphorique	0.60	0.53
	Potasse	2.91	2.15
	Soude	1.89	1.79
	Chaux	0.70	0.69
Composition de la récolte entière.	Azote	167.38	203.28
	Acide phosphorique	26.42	20.56
	Potasse	125.90	82.97
	Soude	82.04	69.18
	Chaux	30.24	26.53

Qualité de la betterave.	Sucre par hectolitre de jus..	12.96	12.19
	Matières organiques........	3.21	5.28
	Sels........................	1.48	2.00
	Sucre % de la matière sèche.	82.00	71.00
	Sels % du sucre............	11.40	16.40

L'influence d'un excès d'azote a donc été nuisible au rendement autant qu'à la qualité. On se demandera peut-être s'il n'en a pas été de même avec le fumier de ferme, et s'il ne serait pas plus raisonnable d'attribuer la faiblesse et la mauvaise qualité de la récolte n° 12 à l'excès d'azote qu'à son défaut, comme nous l'avons fait précédemment. La composition des betteraves tranche nettement la question en faveur de l'opinion que nous avons émise, car nous ne trouvons dans les betteraves du fumier que 3 kilog. 43 d'azote pour 1,000 kilog. de racines, ce qui prouve qu'elles n'en ont pas trop absorbé.

Si on rapproche des résultats du carré n° 1 ceux des carrés n°s 8 et 9, qui n'ont reçu que des matières azotées, l'un du sulfate d'ammoniaque, l'autre du nitrate de soude, en quantités telles que l'azote était donné à la dose de 65 kilog. à l'hectare, on voit que les rendements se sont peu abaissés au-dessous de celui du carré n° 1, et que la qualité des betteraves est restée excellente, bien que leur richesse en azote se soit un peu élevée. Le tableau suivant donne cette comparaison :

	N° 1 Engrais complet.	N° 8 Sulfate d'ammoniaque.	N° 9 Nitrate de soude.
Récolte à l'hectare.............	43250k	37500k	40000k
Azote dans 1000 kilog.........	3.87	4.29	4.29
Azote dans la récolte..........	167.38	177.00	171.60
Sucre par hectolitre de jus.....	12.96	16.14	14.45
Matières organiques...........	3.21	7.51	4.54
Sels............................	1.48	1.87	1.33
Sucre % de la matière sèche...	82.00	65.30	71.00
Sels % du sucre...............	11.40	5.30	9.20

Il résulte de ces chiffres, que l'azote peut s'élever à 4 pour 1000 et même dépasser un peu ce taux sans que la betterave soit de mauvaise qualité.

Ces résultats montrent, en outre, que l'azote donné sous forme de nitrate de soude a été plus favorable au rendement en poids que sous forme de sulfate d'ammoniaque.

A l'égard de la richesse saccharine, c'est le sulfate d'ammoniaque qui l'emporte, et aussi sous le rapport des sels; mais pour la pureté du jus, c'est le nitrate qui reprend le premier rang. Les deux betteraves sont d'ailleurs d'excellente qualité et très supérieures à celles du fumier et de la terre sans engrais.

Concluons donc qu'à la dose de 65 kilog. à l'hectare, sous les deux formes de nitrate de soude et de sulfate d'ammoniaque, mais préférablement sous la première, l'azote favorise le rendement sans nuire à la qualité dans une terre où l'analyse a constaté l'existence de 8.240 kilog. d'azote à l'hectare, dont 636 kilog. à l'état ammoniacal ou nitrique. Sur la même terre, à la dose de 130 kilog., l'azote s'est montré nuisible à la fois au rendement et à la qualité. Peut-être le rendement eût-il été plus élevé si la saison avait été humide, mais à coup sûr, la qualité n'y aurait rien gagné.

On peut penser que, sur une terre moins riche en azote assimilable que celle de Servigny, la dose de 65 kilog. pourrait être dépassée sans inconvénients; mais les résultats que nous venons d'exposer montrent bien que l'azote est, à l'égard de la betterave, une arme à deux tranchants, et qu'il faut beaucoup de prudence dans son emploi.

MM. E. Frémy et Dehérain ont trouvé la richesse saccharine des betteraves qu'ils ont analysées d'autant plus élevée qu'elles contiennent moins d'azote (1).

(1) *Comptes-rendus de l'Académie des Sciences*, 29 mars 1875, t. LXXX, p. 778.

M. Lagrange [1] est arrivé à des résultats diamétralement opposés, et admet, au contraire, que la richesse saccharine des betteraves engraissées au sulfate d'ammoniaque croît dans le même sens que leur teneur en azote.

Ces deux propositions, en apparence contradictoires, peuvent être également vraies suivant les circonstances. Dans les faits observés au champ d'expériences de Servigny, nous trouvons les deux résultats. Les betteraves des nos 10 et 11 sont toutes deux d'excellente qualité, et cependant l'une contient 3.43 0/00 d'azote et l'autre 5.15; d'un autre côté, la récolte n° 2, l'une des moins bonnes en qualité, contient 5.28 0/00 d'azote, c'est-à-dire le *quantum* le plus élevé.

Dans le même travail, M. Lagrange trouve au sulfate d'ammoniaque une grande supériorité sur le nitrate de soude. A Servigny, c'est le contraire qui s'est produit. C'est encore là, sans aucun doute, une question de milieu. Nous avons précisé avec soin la composition du sol de Servigny. M. Lagrange n'a pas fait connaître les conditions dans lesquelles il a opéré. Il nous est, par conséquent, impossible de discuter ses expériences.

Conclusions. — De tous les faits qu'on vient de lire, nous pouvons maintenant tirer les conclusions suivantes :

1° L'engrais qui convient surtout à la betterave et qui réalise les meilleures conditions, tant pour le rendement à l'hectare que pour la qualité, est l'engrais B complet, dont nous avons donné la composition.

2° Dans les sols pourvus de potasse, il est avantageusement remplacé par l'engrais F, qui n'en diffère que par la substitution de la soude à la potasse.

---

(1) *Journal d'Agriculture pratique*, 6 mai 1875, p. 584.

3° Ces deux engrais doivent être employés à la dose de 1,000 kilog. à l'hectare sur les terres en bon état de culture et sans fumier.

4° Le fumier de ferme donné à la dose de 50 à 60,000 kil. l'année même où doit être faite la betterave constitue une mauvaise condition qu'il est prudent d'éviter.

Il vaut beaucoup mieux réduire la fumure à 30,000 kil. et lui venir en aide par une addition convenable d'engrais chimique. Mettant ainsi moins de sels et, particulièrement, de potasse à la disposition des racines, on les obtiendra de meilleure qualité.

5° Si on donne du fumier à la dose de 30,000 kilog., dose qu'il est bon de ne pas dépasser, il faut employer de préférence l'engrais F sans potasse, à la dose de 500 kilog. pour les bonnes terres et de 1,000 kilog. pour les terres maigres. On évite ainsi les excès de potasse, tout en rétablissant entre les éléments utiles l'équilibre favorable à la betterave.

6° Si le fumier a été additionné de phosphates fossiles, suivant la méthode indiquée par M. le baron P. Thénard, on remplacera l'engrais F par du nitrate de soude à la dose de 300 kilog. pour les bonnes terres et de 400 kilog. maximum pour les terres maigres.

7° Dans aucun cas, il ne faut ajouter de sels de potasse (de nitrate, sulfate ou chlorure) à la fumure du fumier de ferme, qui est toujours suffisamment riche de cet élément.

Les conclusions pratiques que nous venons de poser ne sont pas une nouveauté. Il y a longtemps qu'elles nous servent de guide dans les conseils que nous donnons aux cultivateurs qui nous font l'honneur de nous consulter. Mais elles ressortent avec une telle netteté des expériences de Servigny, qu'elles devaient nécessairement être reproduites à la suite de la discussion qui précède.

Confirmation par les travaux des savants. — Accueillis d'abord avec une grande méfiance, les principes sur lesquels reposent ces conclusions ne sont plus aujourd'hui contestés par aucun des savants qui ont étudié la matière. M. Dubrunfaut est revenu de ses appréhensions contre les engrais chimiques. M. Pagnoul, à Arras, a constaté les mêmes faits que nous (¹).

M. Correnwinder, de Lille, intalle un champ d'expériences dans le département de l'Aisne, en 1873. A la dernière heure, il se décide à y introduire une parcelle à engrais complet de même composition que notre engrais B, et il constate que les betteraves de cette parcelle sont les meilleures et les plus abondantes du champ (²). En 1874, il observe sur un champ d'expériences établi à Houdain que les meilleurs résultats pour la qualité sont obtenus à l'aide d'un mélange de 400 kilog. de nitrate de soude et de 400 kilog. de superphosphate, c'est-à-dire d'un engrais chimique analogue à notre engrais F sans potasse. En ajoutant à ce mélange 200 kilog. de nitrate de potasse, ce qui le ramène à notre engrais B complet, il obtient le maximum de rendement, soit 56,462 kilog. avec une qualité peu inférieure.

Toutes les autres combinaisons dans lesquelles interviennent le nitrate de soude et le sulfate d'ammoniaque, seuls ou associés aux chlorure et sulfate de potasse et au phosphate fossile, donnent des résultats inférieurs en quantité et en qualité.

Ces faits sont aujourd'hui si bien connus, que le comité central des fabricants de sucre, cherchant, par des

(¹) Voir *Comptes-rendus des travaux de la Station du Pas-de-Calais pour l'année 1873.*

(²) Voir *Archives du Comice agricole de l'arrondissement de Lille.* Expériences sur la culture des betteraves avec les engrais chimiques. Rapport de M. Correnwinder.

conseils aux agriculteurs, à améliorer la qualité des betteraves qui sont livrées aux sucreries, n'a pas hésité à conseiller l'emploi d'un engrais chimique de même composition que notre engrais B (1).

Dans le travail fort remarquable que nous avons déjà cité plus haut, MM. E. Frémy et Dehérain (2) sont arrivés à des conclusions en tous points identiques aux nôtres.

Pour eux comme pour nous, l'humus n'est pas indispensable à la production de la betterave, qui peut être obtenue à l'aide des engrais chimiques *seuls* et sans le concours d'aucune matière organique. Ils ont constaté, comme nous, que, sans azote, les engrais chimiques ne produisent que des racines d'un très faible poids; qu'avec une dose convenable d'azote, elles arrivent à un poids normal et à une richesse saccharine qui s'est élevée jusqu'à 18 0/0 dans leurs expériences, et qu'avec un excès d'azote la richesse saccharine s'abaisse considérablement. Enfin, ces Messieurs attribuent, comme nous, à l'emploi excessif du fumier de ferme et des engrais azotés les mécomptes dont se plaignent les fabricants sur la richesse saccharine des betteraves.

Le temps et la pratique ont donc complètement justifié nos formules, qui datent de 1866, et n'ont en rien contredit les théories sur lesquelles elles sont fondées. Ces théories, que les expériences de Servigny ont si bien vérifiées et complétées, ont été exposées par nous, avec tous les développements nécessaires, dans une série d'articles publiés par le *Moniteur scientifique* de 1864 à 1868 (3).

(1) *De la Culture de la betterave au point de vue de son amélioration. Conseils aux intéressés par le Comité central des fabricants de sucre.* Mars 1874. Valenciennes, imprimerie de Louis Henry, p. 14.

(2) *Comptes-rendus des séances de l'Académie des Sciences,* t. LXXX (29 Mars 1875), p. 177.

(3) Voir, notamment en ce qui concerne la betterave, l'article du *Moniteur scientifique* du 1er mai 1867, p. 321.

CONSÉQUENCES AGRICOLES ET INDUSTRIELLES.

A la lumière des principes que nous avons établis et démontrés, nous pouvons facilement expliquer l'immense prospérité qu'engendre la betterave, partout où pénètre sa culture, comme aussi les mécomptes qu'elle apporte parfois au cultivateur et au fabricant.

Prospérité agricole résultant de la culture de la betterave. — La betterave améliore le sol parce qu'elle exige des labours profonds dont elle paie largement les frais. Elle oblige, par conséquent, le cultivateur à faire contribuer à l'alimentation des cultures une masse de terre au moins double de celle qu'il remuait auparavant. Il en résulte nécessairement la mise en valeur des éléments utiles qui dormaient dans le sous-sol. *L'approfondissement de la couche arable équivaut, en définitive, à une importation d'engrais.*

En second lieu, la betterave est très épuisante, il est vrai, mais elle est essentiellement cultivée pour son sucre, et on pourrait conserver à la ferme ou lui rapporter tous les éléments de fertilité qu'elle a tirés du sol.

Dans tous les cas, qu'il soit extrait par la sucrerie qui rend au cultivateur les pulpes, transformé en alcool par la distillerie annexée à la ferme ou même brûlé dans l'organisme des animaux qui consomment la betterave ou ses pulpes pour le transformer en force musculaire : dans tous les cas, le sucre, exclusivement formé des éléments de l'air, ne coûte absolument rien à la terre.

Si donc la totalité de la betterave, moins le sucre, retournait au sol, l'épuisement par cette culture deviendrait complètement nul. Malheureusement, il n'en est pas ainsi, et, quelle que soit la manière dont cette racine est utilisée, le sol éprouve toujours une déperdition.

Si on fait manger la betterave aux animaux de la ferme, ils rejettent dans l'atmosphère, par leur respiration, une certaine portion de son azote, et retiennent une fraction importante de son acide phosphorique et de ses sels alcalins, qu'ils emportent avec eux lorsqu'ils sortent de la ferme.

Si la betterave va à la sucrerie, elle y laisse nécessairement, avec le sucre, la plus grande partie de ses sels alcalins, que les pulpes ne sauraient rapporter, puisque ces sels sont très solubles et par conséquent entraînés par les jus. Des jus, ils passent dans les mélasses; celles-ci les conduisent chez les distillateurs, qui les retrouvent dans leurs vinasses et les livrent au commerce sous la forme définitive de salins.

Par une fâcheuse fatalité, le guano du Pérou et les tourteaux de graines oléagineuses, les seuls engrais commerciaux qui aient longtemps joui de la confiance des cultivateurs, se trouvaient à peu près complètement dépourvus de potasse.

Aussi, certaines régions du Nord, après avoir obtenu, pendant une série d'années, de magnifiques récoltes à l'aide du guano du Pérou, se sont vues tout à coup frappées de stérilité, malgré l'emploi de doses croissantes de cet engrais. Grâce aux phosphates et à l'azote qu'il avait apportés, les récoltes étaient devenues luxuriantes; mais le sol avait dû fournir la presque totalité de la potasse nécessaire, puisque l'engrais n'en apportait pour ainsi dire pas. A la suite d'un nombre de récoltes plus ou moins grand, suivant la richesse initiale du sol, toute la potasse disponible fut épuisée, et alors la betterave refusa de croître, quelle que fût d'ailleurs la dose de guano employée. Les cultivateurs crurent leurs terres perdues; on déclara qu'elles avaient la *maladie du guano*. On renonça à son emploi, et, partout où on recourut à des amendements ou à des engrais potassés, la fertilité reparut peu à peu. Le mystère est aujourd'hui éclairci : on sait que, pendant longtemps, l'industrie n'a pas employé d'autre potasse que celle qui était extraite des salins de betteraves, c'est-à-dire fournie par le sol des cultivateurs du Nord.

Si la betterave est utilisée par la distillerie, qui est le plus souvent annexée à la ferme, les déperditions peuvent être beaucoup moindres.

Tandis, en effet, que la sucrerie ne rend au cultivateur que des pulpes quelconques, provenant souvent de betteraves beaucoup moins riches que celles qu'il a livrées, la distillerie annexée à la ferme lui rend la totalité des pulpes provenant de sa propre récolte. La restitution par cette voie se trouve, par conséquent, mieux assurée. Mais, en outre, les vinasses de la distillerie peuvent faire retour au sol, soit qu'on les fasse absorber aux fumiers qui sortent des étables, soit qu'on les conduise directement dans les terres et qu'on les en arrose.

La distillerie se borne, en dernière analyse et lorsqu'elle est bien organisée, à exporter l'alcool provenant du sucre, qui provient lui-même des éléments de l'atmosphère combinés entre eux par la plante. Tous les autres éléments de la récolte restent à la ferme et retournent au sol.

Malheureusement, la distillerie ne donne que des vinasses très étendues qu'il n'est pas toujours facile d'utiliser et des pulpes très aqueuses.

Causes des insuccès. — Nous venons de voir comment la betterave développe la prospérité agricole partout où elle réussit. Nous devons maintenant jeter un coup d'œil sur les causes qui amènent le plus ordinairement les mécomptes du cultivateur et du fabricant.

La principale de ces causes, je n'hésite pas à le dire, est dans la manière dont on emploie le fumier de ferme.

Cet engrais ayant été jusqu'ici la base à peu près exclusive de la culture, il arrive fréquemment, lorsque les saisons sont trop sèches pour amener une décomposition suffisante de ses matières organiques azotées, ou lorsque le sol n'est pas assez calcaire pour se prêter à une active nitrification, que la récolte ne répond pas à l'attente du cultivateur et paie à peine les frais qu'il a dû faire pour l'obtenir.

D'un autre côté, les rendements de 50 à 60,000 kilog. ne pouvant être atteints que par une dose d'azote assimilable de 80 à 100 kilog., les cultivateurs sont amenés à élever les doses de fumier pour assurer à la betterave ce minimum nécessaire.

Ils n'y arrivent toutefois, par ce moyen, que d'une manière incertaine, puisque l'assimilabilité de l'azote du fumier dépend de circonstances climatériques dont ils ne sont pas maîtres. Avec des doses de 50 à 60,000 kilog. de fumier, on n'obtiendra que 25 à 30,000 kilog. de betteraves si la saison est sèche. Si, au contraire, la saison se trouve extraordinairement favorable, on pourra atteindre à des rendements élevés, mais la betterave sera de très mauvaise qualité, parce qu'au lieu des 80 à 100 kilog. d'azote nécessaire, le fumier en aura fourni 150 à 200 kil., et que les excès d'azote sont nuisibles à la qualité, ainsi que nous l'avons constaté.

Mais c'est surtout par les doses énormes de potasse qu'il apporte, et par la faiblesse relative de sa richesse en phosphates, que le fumier de ferme nuit à la qualité de la betterave lorsqu'il est employé à doses trop élevées. Toutes les expériences publiées jusqu'à ce jour montrent les betteraves du fumier beaucoup plus salines que celles obtenues à l'aide des engrais chimiques bien combinés.

C'est que la betterave est le plus glouton des végétaux. Elle absorbe indistinctement tous les sels qui se présentent à ses racines. Si ces sels sont des chlorures ou des sulfates alcalins, ils s'emmagasinent simplement dans ses tissus, sans pouvoir y être utilisés à la formation des organes qui lui permettent de produire du sucre.

Si, au contraire, les alcalis lui arrivent à l'état de nitrates, elle décompose ces sels par voie de réduction; leur azote s'utilise à la formation des matières albuminoïdes, et les alcalis se combinent aux acides végétaux qu'ils saturent; en un mot, les nitrates se trouvent *assimilés* en totalité par le végétal, tandis que les sulfates et chlorures ne peuvent être qu'*absorbés* par lui. Toutefois, pour que les nitrates alcalins soient ainsi assimilés, il est nécessaire qu'ils n'arrivent pas à la plante en excès, et qu'elle puisse en même temps tirer du sol les quantités d'acide phosphorique indispensables à la formation des matières organiques, auxquelles tous les éléments doivent concourir dans des proportions déterminées.

Si l'acide phosphorique fait défaut, les nitrates, ne pouvant être utilisés, s'accumulent dans la racine et produisent plus tard ces fermentations nitreuses que redoutent, à si juste titre, les distillateurs.

Or, le fumier, par sa richesse exagérée en potasse et sa pauvreté relative en acide phosphorique, favorise tout particulièrement ce genre d'accident.

Si la saison est favorable à la nitrification, il fournit à la betterave un excès de nitrate de potasse. Si, au contraire, la nitrification marche mal, l'azote fait défaut, la récolte est faible, mais la potasse est néanmoins absorbée à l'état de sulfate de potasse et de chlorure, et, dans tous les cas, la betterave est de mauvaise qualité.

Que l'on réduise, au contraire, ainsi que nous le conseillons plus haut, la dose de fumier à 30,000 kilog. maximum, de manière à ne pas fournir une trop forte proportion de potasse, et que l'on apporte l'azote et l'acide phosphorique qui manqueront alors à la fumure, par l'emploi d'une dose convenable d'engrais F ou par un mélange de nitrate de soude et de superphosphate, et on aura assuré à la plante tous les éléments qui lui sont nécessaires, et dans les proportions les plus convenables, tant pour le rendement que pour la qualité. Partout où ce système, que nous ne cessons de recommander depuis huit ans, a été appliqué, il a produit d'excellents résultats.

Il n'en a pas été de même des tentatives qui ont été faites avec d'autres engrais commerciaux ou même avec des engrais chimiques employés dans des conditions différentes.

Nitrate de soude. — Le nitrate de soude, *employé seul* et à haute dose, comme cela se pratique aujourd'hui dans les départements du Nord, ne s'assimile pas, faute de phosphates en proportion correspondante, et produit, dans la plupart des cas, de la betterave détestable.

Ajouté au fumier, il augmente la disproportion entre les phosphates et l'azote assimilable, et ne réussit que sur les terres richement pourvues d'acide phosphorique. Sur certains points de nos départements du Nord, le sol se trouve dans ces conditions, soit par sa nature primitive, soit par suite de l'emploi prolongé du guano qui l'a épuisé de potasse, mais enrichi de phosphates; aussi le nitrate de soude en addition aux fumures y a-t-il fait des merveilles. Mais nous ne craignons pas d'être mauvais prophète en annonçant la fin prochaine de ces brillants succès, dont la conséquence inévitable sera le rapide épuisement des phosphates contenus dans le sol.

Sulfate d'ammoniaque. — Le sulfate d'ammoniaque, *employé seul*, donne des résultats plus mauvais encore. Il pousse à la production des feuilles au détriment de la racine, et favorise, par l'énorme quantité d'acide sulfurique qu'il apporte, le passage des alcalis dans la betterave à l'état de sulfate, ce qui est toujours fâcheux. N'apportant ni acide phosphorique ni alcalis fixes, il précipite encore plus que le nitrate de soude l'épuisement du sol à l'égard de ces deux sortes d'éléments.

D'ailleurs la forme ammoniacale de l'azote, qui convient si bien aux céréales, ne vaut pas, pour la betterave, la forme nitrique qui fait pénétrer l'azote plus profondément dans le sol et assure ainsi l'alimentation de la plante pendant toute la durée de sa végétation. Le sulfate d'ammoniaque qui reste dans les couches supérieures, après avoir vigoureusement poussé la betterave au début, la laisse ensuite souffrir lorsqu'elle atteint les couches profondes.

Guano du Pérou. — Le guano du Pérou, préférable aux deux produits précédents, en ce qu'il apporte des phosphates en même temps que de l'azote, a l'inconvénient grave de présenter cet élément sous une forme peu convenable, puisqu'il est en partie ammoniacal et en partie organique.

Pour l'azote ammoniacal, il participe des défauts du sulfate d'ammoniaque, et pour la partie organique, il a tous ceux des fumiers; il n'apporte d'ailleurs que des quantités très faibles de potasse, et amène fatalement l'épuisement de cet alcali dans le sol.

Tourteaux.— Les tourteaux de graines oléagineuses, qui sont encore très recherchés par les cultivateurs de betteraves, ne contiennent que de très faibles quantités de potasse et d'acide phosphorique, et n'apportent guère que de l'azote. Ils ont, par conséquent, tous les inconvénients du nitrate de soude et du sulfate d'ammoniaque, et, en plus, tous ceux qui s'attachent à la forme organique de l'azote qui présente chez eux, comme dans le fumier de ferme et le guano, de grandes incertitudes d'assimilabilité.

Matières organiques torréfiées. — On parle enfin beaucoup, depuis quelque temps, des matières organiques torréfiées. Il est incontestable que la torréfaction augmente la disposition que l'azote de ces matières peut avoir à se transformer en ammoniaque ou en nitrates dans le sol. Mais cette opération ne peut, dans aucun cas, amener l'azote de ces matières au degré d'assimilabilité de celui des nitrates et des sels ammoniacaux. Elle doit, par conséquent, être repoussée si elle ne parvient pas à livrer l'azote à des prix notablement inférieurs à celui qu'il atteint dans le nitrate de soude et dans le sulfate d'ammoniaque. En ce qui concerne la betterave, les matières organiques torréfiées peuvent bien, comme tous les engrais possibles, donner un bon résultat dans des conditions qui leur seront particulièrement favorables; mais d'une manière générale elles lui conviennent encore moins que les tourteaux, dont elles ont tous les défauts, même avec exagération.

Nous n'avons pas besoin d'ajouter que les indications pratiques que nous avons données dans le cours de ce travail ne trouvent leur application que dans la culture régulière et dans des conditions ordinaires. Aux conditions exceptionnelles, il faut des moyens appropriés qui ne pouvaient trouver place ici, car il faudrait des volumes pour traiter de tous les cas possibles.

On trouvera, du reste, dans notre *Guide pour l'achat et l'emploi des engrais chimiques,* 5e édition, des indications générales qui ne laisseront aucun doute dans l'esprit du lecteur sur la possibilité d'arriver à des résultats satisfaisants dans presque tous les cas.

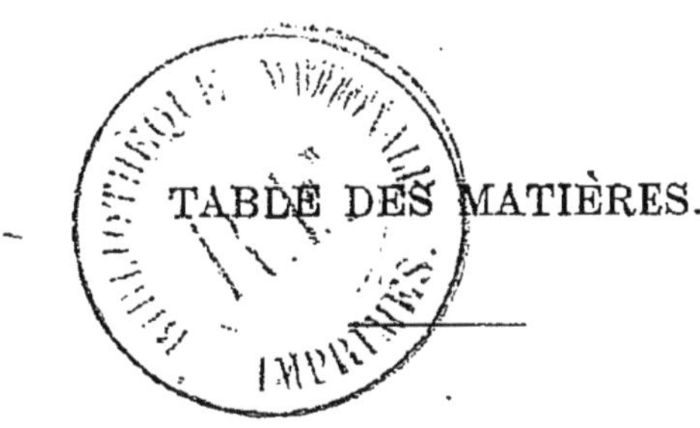

TABLE DES MATIÈRES.

Bordeaux. — Imp. G. GOUNOUILHOU, rue Guiraude, 11.

www.ingramcontent.com/pod-product-compliance
Ingram Content Group UK Ltd.
Pitfield, Milton Keynes, MK11 3LW, UK
UKHW022140190726
13855UKWH00003B/1266

9 782013 352772